全国高级技工学校电气自动化设备安装与维修专业

电工基本技能训练
习题册

何　薇　主编

中国劳动社会保障出版社

简　介

本习题册为全国高级技工学校电气自动化设备安装与维修专业教材《电工基本技能训练》的配套用书。本习题册按照教材的任务顺序编写，内容紧扣教学要求，知识点分布均衡，题型丰富多样，习题难易适中，有助于学生复习巩固所学知识。

本习题册由何薇任主编，鲁劲柏任副主编，刘涛、蒋莉莉、翟桂敏、李鑫、金闵辰参加编写。

图书在版编目（CIP）数据

电工基本技能训练习题册／何薇主编．--北京：中国劳动社会保障出版社，2023
全国高级技工学校电气自动化设备安装与维修专业
ISBN 978-7-5167-6030-7

Ⅰ.①电…　Ⅱ.①何…　Ⅲ.①电工技术-技工学校-习题集　Ⅳ.①TM-44

中国国家版本馆 CIP 数据核字（2023）第 180885 号

中国劳动社会保障出版社出版发行
（北京市惠新东街 1 号　邮政编码：100029）
*
北京市科星印刷有限责任公司印刷装订　　新华书店经销
787 毫米×1092 毫米　16 开本　4 印张　92 千字
2023 年 10 月第 1 版　　2023 年 10 月第 1 次印刷
定价：8.00 元

营销中心电话：400-606-6496
出版社网址：http://www.class.com.cn
　　　　　　http://jg.class.com.cn

课题一　安全用电

任务1　电气安全标志及安全技术规范的认知

一、填空题

1. 常见的电气安全标志按用途分为四类：____________、____________、____________和____________。

2. 安全标志由______________、______________、______________或______________构成。

3. 安全色是用于传递安全信息含义的颜色，国家标准《安全色》（GB 2893—2008）规定____________、____________、____________、____________四种颜色为安全色。

4. 常见的电气安全防护技术包括______________、______________、______________、______________、______________、______________、______________等。

5. 电气设备安全技术规范包括____________的安全准备工作、____________的电气设备安全技术规范、____________的电气设备安全技术规范、____________的电气设备安全技术规范。

二、判断题（正确的打“√”，错误的打“×”）

1. 红色传递禁止、停止、危险或提示消防设备、设施的信息，常用于禁止标志。（　　）
2. 黄色传递注意、警告的信息，若没有监管，可以偷偷操作。（　　）
3. 断电维修电气设备时，可以用铁丝把配电箱绑扎起来以防止他人送电。（　　）
4. 电动机通电前，应先检查绝缘是否符合要求，金属机壳是否接地。（　　）
5. 电气安全标志中，辅助标志用于为另一个标志提供补充说明，也可单独使用。（　　）

三、简答题

1. 简述安全标志中安全色与对比色的搭配使用规定。

2. 简述《国家电气设备安全技术规范》（GB 19517—2009）中关于电气设备标志的具体要求。

任务 2　触电急救和电气消防

一、填空题

1. 电流对人体的伤害是多方面的，最主要的两种伤害是____________和____________。

2. 电击是电流通过人体内部，对人体____________和____________造成破坏。

3. 电伤是电流通过人体外部造成的____________伤害，如电弧烧伤、熔化的金属渗入皮肤等。

4. 电流是危害人体的直接因素，通过人体的工频交流电流达到____________ mA 时，会使人感到麻痹或剧痛，难以摆脱电源；达到____________ mA 以上且持续时间超过____ s，就可能危及人的生命。

5. 触电的主要形式分为____________触电、____________触电、____________触电。

6. 发生触电事故后，触电者通常会失去____________或____________，成功救治的关键在于使触电者____________并及时采取____________的急救措施。

7. 电气火灾的扑救方法主要分为____________和____________两类。

8. 干粉灭火器的使用方法可简单概括如下：提起____________，拔出____________，按下____________，将喷口对准____________扫射。

二、选择题

1. 电流在人体内持续的时间越长，人体电阻（　　）。

A. 越小　　B. 越大　　C. 没有变化

2. 相同电压的直流电流触电的危险性比交流电流触电的危险性（　　）。

A. 大　　B. 小　　C. 一样

3. 下列低压触电时使触电者脱离电源的方法错误的是（　　）。

A. 就近断开开关　　B. 在不同位置使用绝缘工具切断电线

C. 直接用手拉开触电者　　D. 用绝缘物品将触电者触及的电线挑开

4. 触电者脱离电源后，首先应进行（　　）。

A. 心跳判定　　B. 呼吸判定　　C. 简单诊断

5. 当触电者有呼吸但心跳停止时，应采用（　　）进行急救。

A. 口对口人工呼吸法　　B. 胸外心脏按压法

C. 心肺复苏法

6. 以下情况不属于电气火灾起因的是（　　）。

A. 线路过载发热　　B. 接触不良产生热量

C. 燃气泄漏遇明火

三、判断题（正确的打“√”，错误的打“×”）

1. 人体触电后，摔伤是危害人体的直接因素。（　　）
2. 一般来说，人体电阻一定时，触电电压越高，危险性越大。（　　）
3. 50 ~ 60 Hz 工频交流电流的触电危险性比其他频率交流电流的触电危险性都要小。（　　）
4. 只要使用了安全电压，在任何情况下都是安全的。（　　）
5. 若发现有人触电，应立即采用口对口人工呼吸法救助触电者。（　　）
6. 电能通过电气设备转化为热能，可能成为火源并容易引发电气火灾。（　　）

四、简答题

1. 什么是安全电压？简要说明安全电压是如何规定的。

2. 简述带电灭火的注意事项。

五、操作题

1. 按照教材内容练习口对口人工呼吸法的操作，总结操作注意事项。

2. 按照教材内容练习胸外心脏按压法的操作，总结操作注意事项。

3. 按照教材内容练习心肺复苏法的操作，总结操作注意事项。

任务3　接地装置的安装与检修

一、填空题

1. 根据接地目的的不同，接地可分为____________、____________、____________、____________、____________、____________等。

2. 接地体分为____________和____________两种。

3. 人工接地体可用________、________、________或________等制成。人工接地体宜采用__________埋设，多岩石地区可采用__________埋设。

4. 常见的接地装置分为______________、______________、______________三类。

5. 电气设备的接地线宜采用__________导线，可选用____________的绝缘电线或裸线，也可选用__________、__________或____________。

二、判断题（正确的打“√”，错误的打“×”）

1. 自然接地体是指兼有接地功能，但不是为接地而专门设置的，且与大地保持紧密接触的金属导体。（　　）

2. ZC-8型接地电阻测量仪是一种常用的测量接地电阻的仪器，适用于测量各种电气设备、避雷针等接地装置的电阻，但不适用于测量低电阻导体的电阻和土壤的电阻率。（　　）

3. 多极接地装置可靠性强，适用于接地要求较高和设备接地点较多的场所。（　　）

4. 工作接地的接地装置一般每两年检查一次。（　　）

5. 用角钢制作的垂直接地体发生弯曲时，无需矫直，可以很容易打入地下。（　　）

6. 在室外不易被人体触及的地方，接地支线可采用多股裸绞线；常用三芯或四芯橡胶护套电缆的黑色绝缘导线作为接地支线。（　　）

三、简答题

1. 简述不同类型的接地装置对接地电阻的要求。

2. 简述安装人工接地体的要求及常见安装形式。

3. 简述接地装置的检查项目及内容。

四、操作题

按照教材内容，使用 ZC-8 型接地电阻测量仪测量接地体的接地电阻，归纳操作步骤，总结操作注意事项。

课题二　电工基本操作技能

任务1　导线的处理

一、填空题

1. 常用的电工材料分为________材料、________材料、________材料。

2. 绝缘材料又称为________，其电阻率通常大于________ Ω·m。绝缘材料的主要作用是用来隔离________的导体或________之间的电流，使电流仅沿导体流通。

3. 导电材料是指专门用于________的金属材料。电工用金属导电材料包括________、________、________、________和________材料。

4. 特殊导电材料除了具备普通导电材料________的作用外，还兼有其他特殊功能，主要包括________、________、________、________、电触头材料等。

5. 照明电路常用的导线类型包括________导线（又称为________导线或________导线）、________导线（俗称________线）、________导线（俗称________线）。

6. 如图2-1-1所示，游标卡尺的主尺最小分度值为1 mm，游标尺上有10个等分刻度，现用其来测量某工件的直径，则该工件的直径为________ mm。

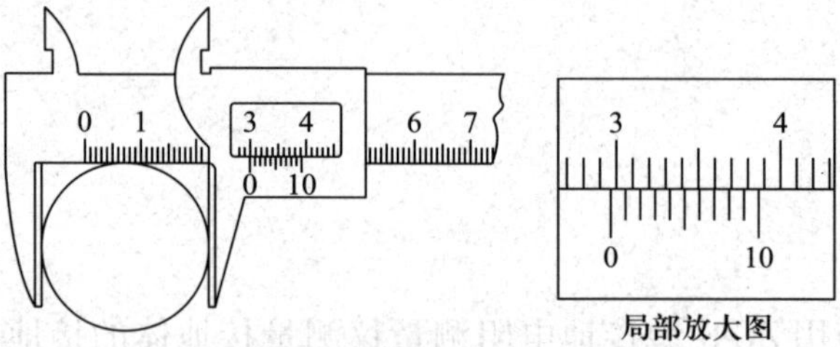

局部放大图

图2-1-1

7. 如图2-1-2所示，游标卡尺的主尺最小分度值为1 mm，游标尺上有20个等分刻度，现用其来测量某工件的内径，则该工件的内径为________ mm。

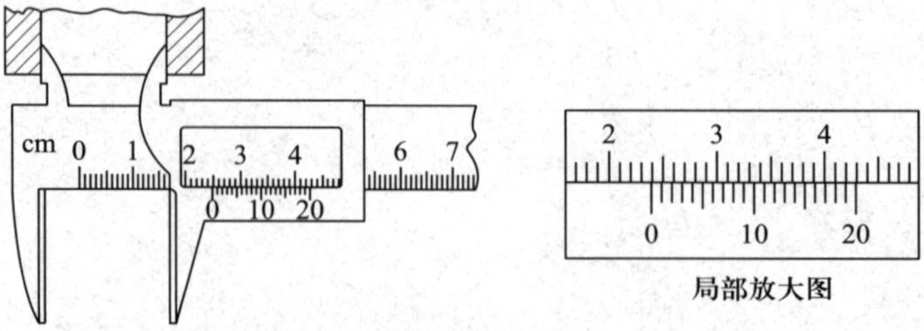

局部放大图

图2-1-2

8. 如图 2－1－3 所示，A、B、C 的读数分别是：A 为________ mm；B 为________ mm；C 为________ mm。

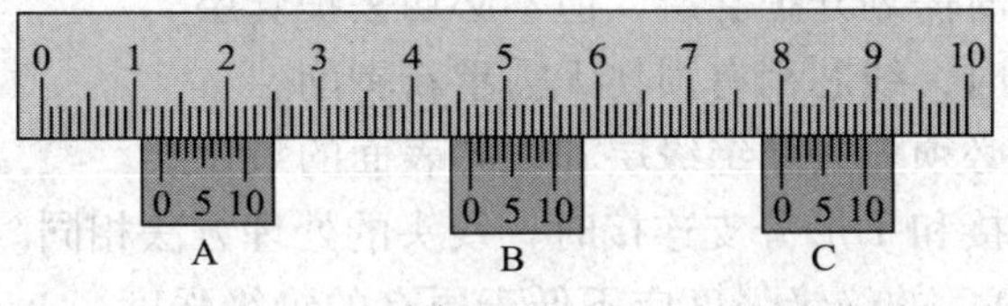

图 2－1－3

9. 如图 2－1－4 所示，A、B 的读数分别是：A 为________ mm；B 为________ mm。

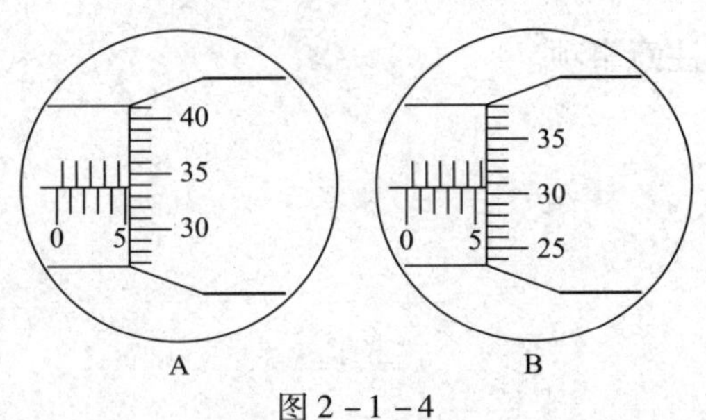

图 2－1－4

10. 当导线________或要________时，需要进行导线与导线的连接，无论是单股导线还是多股导线，常见的连接方式都有________连接、________连接。

11. 连接导线与电气元件时，需要用尖嘴钳制作________，以加大连接的牢固度，其弯曲方向与螺钉旋紧方向________。

二、选择题

1. 下列不属于绝缘材料的是（　　）。
A. 模塑料　　B. 铁磁体　　C. 变压器油　　D. 云母片

2. 下列不属于特殊导电材料的是（　　）。
A. 熔体材料　　B. 电刷材料　　C. 电触头材料　　D. 电磁线

3. 截面积大于 4 mm^2 的塑料单股硬导线的绝缘层一般用（　　）进行剥削。
A. 钢丝钳　　B. 电工刀　　C. 剥线钳　　D. 剪刀

4. 塑料护套线的绝缘层必须用（　　）进行剥削。
A. 钢丝钳　　B. 电工刀　　C. 剥线钳　　D. 剪刀

5. 导线与电气设备之间常用（　　）连接。
A. 直线　　B. T 形分支　　C. 绞接　　D. 接线柱

6. 恢复导线绝缘层时，绝缘带缠绕采用斜叠法，每圈压叠前一层的（　　）带宽。
A. 1/4　　B. 1/3　　C. 1/2　　D. 2/3

7. 导线连接孔式接线柱时使用的快捷端子为（　　）。
A. 针形端子　　B. U 形端子　　C. O 形端子

三、判断题（正确的打“√”，错误的打“×”）

1. 照明电路导线线芯材料通常使用铜或铁两种。（　　）

2. 游标卡尺是一种精度较高的量具，千分尺是一种中等精度的量具。（　　）

3. 钢丝钳的绝缘护套的耐压为 500 V，只适用于低压带电设备。（　　）

4. 多股导线计算截面积时不需要考虑绞线的股数。 ( )
5. 塑料软导线的绝缘层可用钢丝钳或电工刀进行剥削。 ( )
6. 剥削塑料护套线时需划开护套层，但不必切去护套层。 ( )
7. 剥削导线绝缘层时，线芯稍有损伤无需重新剥削。 ( )
8. 导线连接之前，必须先去除绝缘层和线芯表面的氧化层。 ( )
9. 铜芯导线直线连接和 T 形分支连接时，线头的处理方法相同。 ( )
10. 导线绝缘层恢复后的绝缘强度应不低于原有的绝缘强度。 ( )
11. 使用螺钉旋具的口诀是“右拧紧、左拧松”。 ( )

四、简答题

1. 简述电工刀的使用注意事项。

2. 简述不同规格螺钉旋具的使用方法。

3. 简述使用游标卡尺和千分尺测量导线线径时的注意事项。

4. 简述剥线钳的使用方法。

5. 恢复导线绝缘层需要注意什么？

五、操作题

按照教材内容完成导线的处理各项操作，并将操作步骤、操作过程中发现的问题及整改情况记录在表 2－1－1 中。

表 2－1－1

项目	操作记录	问题及整改
选择导线		
测量单股导线线径		
剥削导线绝缘层		
连接导线		

续表

项目	操作记录	问题及整改
恢复导线绝缘层		
连接导线与接线柱		

任务 2　万用表的使用

一、填空题

1. 万用表是一种____________、____________的电工测量仪表。常用的万用表分为____________和____________两大类，常用来测量____________、____________、____________等电参数。

2. 指针式万用表的四个插孔分别是____________、____________、____________、____________（符号）。

3. 数字式万用表的四个插孔分别是____________、____________、____________、____________（符号）。

4. 指针式万用表表头刻度盘的刻度线分别是____________、____________、____________、____________、____________、____________、____________、____________。

5. 数字式万用表使用完毕，应将量程和功能转换开关拨至__________位置；指针式万用表使用完毕，应将量程和功能转换开关拨至____________或____________位置。万用表长期不用时，应将__________取出，以免其电解液漏出而腐蚀表内元器件。

二、选择题

1. 下列电参数中，万用表无法测量的是（　　）。

A. 电压　　B. 电流　　C. 电阻　　D. 频率

2. 下列结构中，数字式万用表中没有的是（　　）。

A. A/D 转换器　　B. 液晶显示器　　C. 磁电式电流表　　D. 表笔插孔

3. 下列电参数中，指针式万用表无法测量的是（　　）。

A. 直流电压　　B. 直流电流　　C. 交流电压　　D. 交流电流

4. 使用指针式万用表测量（　　）时不需要区别表笔的极性。

A. 直流电压　　B. 交流电压　　C. 直流电流

5. 使用指针式万用表测量电阻时，每次换挡后都需要进行的操作是（　　）。

A. 机械调零　　B. 欧姆调零　　C. 重新接插表笔

三、判断题（正确的打“√”，错误的打“×”）

1. 指针式、数字式万用表都可以测量交流电流。（　　）

2. 使用万用表测量电阻时，不需要预估电阻值，可以先选用较大量程，再逐步转换到较小量程进行测量。（　　）

3. 使用万用表测量电压而无法预估电压值时，需先选用较大量程，再逐步转换到较小量程进行测量。（　　）

4. 指针式、数字式万用表的表笔插孔相同。（　　）

5. 指针式万用表读数精度高，可以比较直观地观察数值变化的过程。（　　）

6. 用数字式万用表测量三极管放大倍数时，应通过表笔测量得到。（　　）

四、简答题

1. 分别简述数字式万用表和指针式万用表可以测量的电参数。

2. 简述数字式万用表和指针式万用表在应用方面的区别。

3. 简述使用数字式万用表测量教室中两孔插座电压的操作步骤。

4. 简述数字式万用表的使用注意事项。

5. 简述指针式万用表的使用注意事项。

五、操作题

按照教材内容完成万用表的使用各项操作，将操作步骤、操作过程中发现的问题及整改情况记录在表 2－2－1 中。

表 2－2－1

使用仪表	测量参数	操作记录	问题及整改
数字式万用表	直流电压		
	直流电流		
	交流电压		

续表

使用仪表	测量参数	操作记录	问题及整改
数字式万用表	交流电流		
	电阻		
	三极管放大倍数		
指针式万用表	直流电压		
	直流电流		

续表

使用仪表	测量参数	操作记录	问题及整改
指针式万用表	交流电压		
	电阻		
	三极管放大倍数		

任务3　单控灯照明电路的安装、调试与检修

一、填空题

1. LED 球泡灯由________、________、________、________、________构成。

2. 开关的作用是________和________电路，照明电路中常见的开关包括________、________、________、________等。

3. 漏电保护断路器由________和________装置构成，具有________、________、________保护功能，一般分为________、________、________、________。

4. 常用的钳形电流表分为________钳形电流表和________钳形电流表两种。

5. 兆欧表又称为__________，俗称__________或__________。兆欧表主要用于测量__________、__________对__________及__________的绝缘电阻，刻度以__________为单位。

6. 国家标准中规定的电气图纸包括__________、__________、__________、__________、__________和__________等。

7. 室内使用的护套线的截面积，铜芯线不得小于__________ mm^2，铝芯线不得小于__________ mm^2。室外使用的护套线的截面积，铜芯线不得小于__________ mm^2，铝芯线不得小于__________ mm^2。

8. 验电笔又称为__________，简称__________，由__________、__________、__________、__________、__________、__________等组成，常见的样式包括__________、__________和__________。

9. 照明电路中，螺口灯座接线时，灯座螺纹圈接__________，灯座中心簧片接__________。

10. 室内照明电路的配线方式分为__________、__________两种。

二、选择题

1. 下列名词中，不是说明一个面板有几个开关功能模块的是“(　　)”。

A. 联　B. 位　C. 开　D. 控

2. 被测导线位于钳形电流表（　　）位置的测量误差最小。

A. 钳口内靠近钳口　B. 钳口内中心

C. 钳口内靠近电流表　D. 钳口

3. 下列不是兆欧表接线桩标记符号的是“(　　)”。

A. L　B. E　C. COM　D. G

4. 使用兆欧表进行测量时，摇动手柄的转速应为（　　）r/min。

A. 100　B. 120　C. 150　D. 200

5. 下列不属于电气安装常用图纸的是（　　）。

A. 逻辑功能图　B. 电路图　C. 接线图　D. 安装简图

6. 护套线敷设时，导线离地距离不得小于（　　）m。

A. 0.5　B. 1.0　C. 2.0　D. 2.5

三、判断题（正确的打“√”，错误的打“×”）

1. LED 球泡灯可以在原有的白炽灯灯座和线路上直接使用。（　　）

2. 双控开关可以作为单控开关使用。（　　）

3. 钳形电流表必须在断开电路的情况下测量线路或设备的电流。（　　）

4. 使用钳形电流表测量交流电流时，不需要将表笔串接在回路中。（　　）

5. 使用兆欧表测量对地绝缘电阻时，一般将被测端接“E”接线桩，地线或设备外壳接“L”接线桩。（　　）

6. 护套线可以直接埋入抹灰层，但是不得在室外露天场所敷设。（　　）

7. 护套线线芯截面积小，大容量电路不宜采用。（　　）

8. 验电笔使用安全性高，测量带电导体时，可以触碰笔尾和笔尖的金属体。（　　）

9. 在电路中连接开关时，开关必须串接在相线上，严禁串接在中性线上。（　　）

10. 单控灯照明电路在通电试验后，无需断开漏电保护断路器。（　　）

四、简答题

1. 简述使用钳形电流表测量小电流（5 A以下）时，减小测量误差的方法。

2. 简述钳形电流表的使用注意事项。

3. 简述兆欧表的使用注意事项。

4. 根据照明电路电气元件的名称或图形符号，将表2－3－1中的内容填写完整。

表2－3－1

名称	图形符号	名称	图形符号
明装单极开关			
拉线开关			
暗装单极开关			
明装双控开关			
拉线双控开关			

续表

名称	图形符号	名称	图形符号
明装双极开关			⊢⊣
暗装双极开关			⊢—◀
暗装调光开关			

5. 根据照明电气平面图识读的知识，查阅相关资料，说明教材中图 2－3－10 中 7 号房间的照明设备的含义。

（1）$H\frac{6\times 8}{3.5}P$

（2）$4-Y\frac{3\times 40}{-}$

（3）$4-B\frac{2\times 40}{3}$

6. 简述验电笔的使用注意事项。

五、操作题

1. 照明电路在运行中，会因为种种原因而出现一些故障，照明电路故障的检修分为四个步骤，将检修步骤和说明填写在表 2 – 3 – 2 中。

表 2 – 3 – 2

检修步骤	说明

2. 按照教材内容完成单控灯照明电路的安装、调试与检修操作，将操作步骤、关键性技能和操作过程中发现的问题及整改情况记录在表 2 – 3 – 3 中。

表 2 – 3 – 3

项目	操作记录	问题及整改
定位画线		
护套线配线		

续表

项目	操作记录	问题及整改
元器件安装与连接		
检查与调试		
故障检修		

任务 4　双控灯照明电路的安装、调试与检修

一、填空题

1. LED 吸顶灯由__________、_____________________________________、____________、______________等组成。

2. LED 吸顶灯的恒流驱动电源可将____________电变为________________电，给 LED 灯片供电。恒流驱动电源可以在输入市电电压__________时，保持输出电流__________，也可以消除由 LED 负温度系数所引起的电流______。

3. 常见的家用插座主要是_________________________、__________________等，近年来又出现了在固定式插座中添加____________________的多功能插座。

4. 插座的接线按照接线柱的标注进行，“L”标记的接线柱连接____________，“N”标记的接线柱连接____________，“⏚”或“PE”标记的接线柱连接____________。

5. 线槽配线适用于____________，一般用于____________、____________线路的配线安装。

6. 配线时，应注意不同功能的导线选用不同颜色以示区别，相线选用____________色，中性线选用____________色，地线选用____________色。

二、选择题

1. 下列场所中，不适合使用吸顶灯的是（　　）。

A. 卧室　　B. 教室　　C. 室内体育馆　　D. 田径场

2. 下列吸顶灯中，功率和光源体积较大的是（　　）。

A. 白炽灯　　B. 荧光灯　　C. 高强度气体放电灯

3. 固定线槽时，起始、终端、转角、分支等位置的固定点之间的距离不大于（　　）mm。

A. 50　　B. 100　　C. 150

4. 下列接线图中，双控开关接线正确的是（　　）。

A.

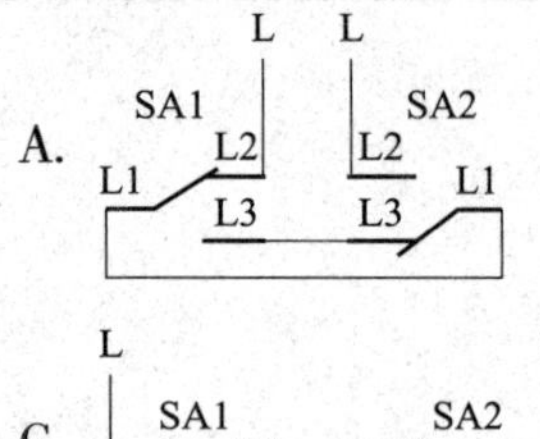

B.

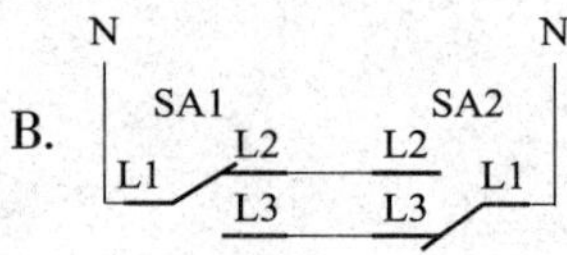

C.

D.

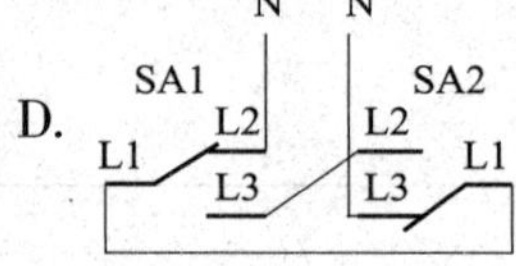

三、判断题（正确的打“√”，错误的打“×”）

1. 从插座正面看，三孔插座的三个插孔中，分别为左孔接地线，右孔接相线，上孔接中性线。（　　）

2. LED 吸顶灯的恒流驱动电源与 LED 灯片接线时，因为有防误插卡口，所以不用测量正、负极。（　　）

3. 单控开关不能实现双控功能。（　　）

4. 通常情况下，室内照明线路和地面布线应选用矩形截面的线槽。（　　）

5. 线槽转角对接处应做成 45°角拼接。（　　）

四、简答题

1. 简述教材中图 2－4－4 所示双控 LED 吸顶灯照明电路的工作原理。

2. 查阅相关资料，分析图 2－4－1 所示用双控开关进行双控操作时的电流路径以及双控开关通断的控制原理。

SA1　SA2　L2　L2　L1　L1　L3　L3　I →

图 2－4－1

五、操作题

1. 将双控 LED 吸顶灯照明电路常见故障的产生原因及检修方法填写在表 2 –4 –1 中。

表 2 –4 –1

故障现象	产生原因	检修方法
LED 吸顶灯不亮		
LED 吸顶灯亮度变暗		
关灯后 LED 吸顶灯闪烁		

2. 按照教材内容完成双控灯照明电路的安装、调试与检修操作，将操作步骤、关键性技能和操作过程中发现的问题及整改情况记录在表 2 –4 –2 中。

表 2 –4 –2

项目	操作记录	问题及整改
定位画线		
线槽配线		

续表

项目	操作记录	问题及整改
元器件安装与连接		
检查与调试		
故障检修		

任务5　综合照明电路的安装、调试与检修

一、填空题

1. LED日光灯俗称________________，由________________供电，无需__________和__________。LED日光灯分为________式和________式，现在使用较多的是________式，它将______________、______________、______________等部件集成一体，可以直接安装。

2. ______________又称为电度表或火表，是计量______________的仪表，可以测量某一段时间内电路所消耗的______________。

3. 把绝缘导线穿在________或________线管内敷设，称为________________，其分为__________和__________两种，前者敷设要求____________、____________，后者敷设要求____________、______________。

4. 不同线管管径下，固定管卡的间距要求：直径为20 mm及以下的线管，管卡间距为__________ m；直径为25～40 mm的线管，管卡间距为__________ m；直径大于50 mm的线管，管卡间距为__________ m。

5. 水平尺是利用________原理，测量被测表面相对______位置、______位置、______位置偏离程度的一种计量器具。水平尺可用于________、______、______、________、工业工程施工等。

6. 扳手是用于__________的工具，常见的包括________、________、________等。

7. 照明电路安装时常用的登高工具包括________、________和________等。

二、选择题

1. 下列元器件中，不属于 LED 日光灯配件的是（　　）。

A. LED 灯片　　B. 恒流驱动电源　　C. 镇流器　　D. 电源连接线

2. 线管配线时，穿管导线的绝缘强度不能低于（　　）V。

A. 110　　B. 220　　C. 380　　D. 500

3. 不同的开关在安装时距离地面的高度有不同的要求，（　　）安装时要求距离地面的高度为 1.8 ~2.0 m。

A. 跷板开关　　B. 墙壁开关　　C. 拉线开关　　D. 分路总开关

4. 吊装灯具时，必须采用吊管安装的灯具规格是（　　）。

A. 1 kg 以下　　B. 1 ~3 kg　　C. 3 kg 以上

5. （　　）可以在一定范围内调整扳手开口的大小。

A. 呆扳手　　B. 活扳手　　C. 套筒扳手

三、判断题（正确的打“√”，错误的打“×”）

1. 单相电能表的 4 个接线端子接线时，一般 1、3 接电源进线，2、4 接负载出线。（　　）

2. 如果线管内有杂物或灰尘，可以直接用嘴吹气进行简易清理。（　　）

3. 多根导线穿管敷设时，线管内的导线一般不应超过 20 根，导线总截面积（含绝缘层）应不超过管内截面积的 60%。（　　）

4. 线管配线应尽可能减少转角或弯曲，转角越多，穿线越困难。为便于穿线，转角或弯曲过多时，必须加装接线盒。（　　）

5. 接线时，所有开关均应控制电路的中性线。（　　）

6. 在幼儿园或小学教室安装插座时，插座距地面高度应为 0.3 m 左右，否则小朋友容易够不着。（　　）

7. 在混凝土墙上钻孔时，可以用冲击电钻，也可以用电锤。（　　）

8. 使用单梯登高时，需要一人操作、一人监护；使用人字梯登高时，由于人字梯比较稳固，所以只需要一人操作。（　　）

四、简答题

1. 简述教材中图 2 -5 -9 所示综合照明电路的工作原理。

2. 简述线管敷设和线管穿线的注意事项。

五、操作题

1. 结合实际操作，归纳综合照明电路的故障检修方法。

2. 按照教材内容完成综合照明电路的安装、调试与检修操作，将操作步骤、关键性技能和操作过程中发现的问题及整改情况记录在表 2－5－1 中。

表 2－5－1

项目	操作记录	问题及整改
定位画线		
线管配线		

续表

项目	操作记录	问题及整改
元器件安装与连接		
检查与调试		
故障检修		

课题三　电子基本操作技能

任务1　简单非门电路的安装与调试

一、填空题

1. 电阻器简称______________，在电路中起______________和______________作用。

2. 常见的固定电阻器包括__________________电阻器、__________________电阻器、________________电阻器等。

3. 可变电阻器又称为变阻器或____________，主要用在电阻值需要经常____________的电路中，调节____________、音调、____________、电流等。

4. 常见的敏感电阻器包括__________电阻器、__________电阻器、__________电阻器等。

5. 电阻器表面标出的电阻值称为____________________，符合出厂标准的阻值误差称为______________。

6. 电烙铁是____________的基本工具，常见的类型包括____________、____________、____________等。

7. 焊料一般是指焊锡，焊锡由__________、__________两种金属按一定比例配制而成，具有____________低、____________好、____________高、____________等优点。

8. 助焊剂用于清除金属表面的__________和杂质，减小液态焊锡的________________，增强焊料的____________。

9. 常见的焊接方式包括________________、________________、________________、________________。

二、选择题

1. 下列电阻器中，不属于敏感电阻器的是（　　）。

A. 热敏电阻器　　B. 光敏电阻器　　C. 湿敏电阻器　　D. 可变电阻器

2. 电位器有（　　）个引脚。

A. 1　　B. 2　　C. 3　　D. 4

3. 国家标准《电阻器和电容器优先数系》（GB/T 2471—1995）规定了一系列的标称阻值，普通电阻器的标称阻值不包括（　　）系列。

A. E3　　B. E6　　C. E10　　D. E12

4. 下列图形符号中，（　　）表示电阻器额定功率为0.5 W。

A. —[//]—　　B. —[/]—　　C. —[—]—　　D. —[1]—

5. 绝缘软导线加工的第一步是（　　）。

A. 剥头　　B. 剪裁　　C. 浸锡　　D. 印标记

6. 目前在电子产品装配焊接中，主要使用的焊接材料是（　　）。

A. 锡铅焊料　　B. 金焊料　　C. 铜焊料　　D. 银焊料

7. 色环电阻器各色环的颜色依次为红、黄、棕、金，则该电阻器的阻值为（　　）Ω。

A. 10　　B. 120　　C. 240　　D. 1 000

三、判断题（正确的打"√"，错误的打"×"）

1. 变阻器可以任意改变电阻值大小，没有限制。（　　）

2. 电阻器的阻值误差与标称阻值有关，与其他值无关。（　　）

3. 电阻器的额定功率是指在规定的温度和湿度环境下，电阻器长期连续工作而不损坏或不改变基本性能所允许消耗的最大功率。（　　）

4. 不同类型的电烙铁的基本工作原理各不相同。（　　）

5. 绕焊、钩焊、搭焊三种焊接方式中，绕焊的焊接强度最高，搭焊的焊接强度最低。（　　）

6. 焊接时需要预处理元器件引脚，预处理过程不包括刮脚。（　　）

四、简答题

1. 识读图 3－1－1 所示微调电位器的电阻值。

图 3－1－1

2. 简述常见焊接方式的特点。

3. 表3－1－1中列举了常见焊点的缺陷及质量分析，补全相应的外观特征和原因。

表3－1－1

焊点缺陷	图示	质量分析
焊料过多	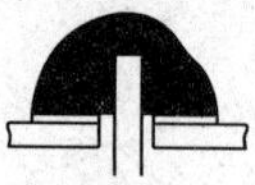	外观：________ 原因：________ 危害：比较浪费焊料，可能包藏缺陷
焊料过少	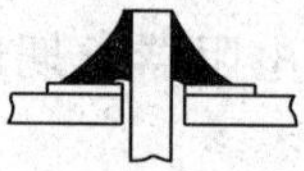	外观：________ 原因：________ 危害：强度不足
虚焊	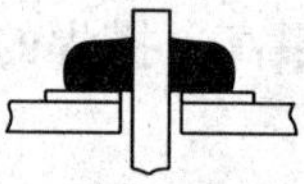	外观：________ 原因：________ ________ 危害：强度低，不导通或接触不良
过热	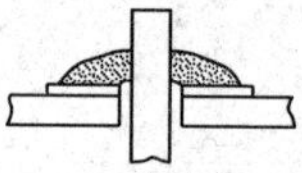	外观：________ 原因：________ 危害：焊盘容易脱落，易造成元器件失效
拉尖	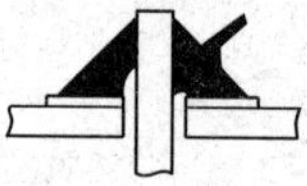	外观：________ 原因：________ 危害：易造成桥接现象
桥接		外观：________ 原因：________ 危害：易造成电气短路
铜箔翘起、脱落	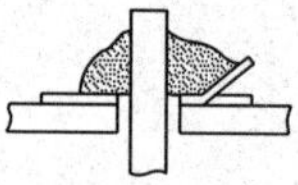	外观：________ 原因：________ ________ 危害：接触不良或断路

4. 简述预处理导线的操作注意事项。

5. 简述手工焊接的操作步骤。

五、操作题

1. 识读图 3－1－2 所示两个色环电阻器的电阻值。

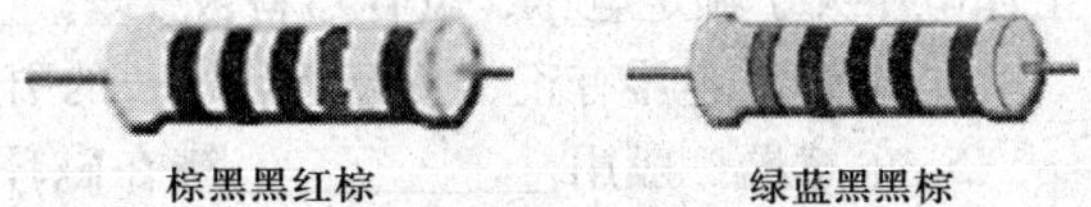

图 3－1－2

2. 根据图 3－1－3 所示的与门电路图，制作并调试电路。说明与门电路的调试方法。

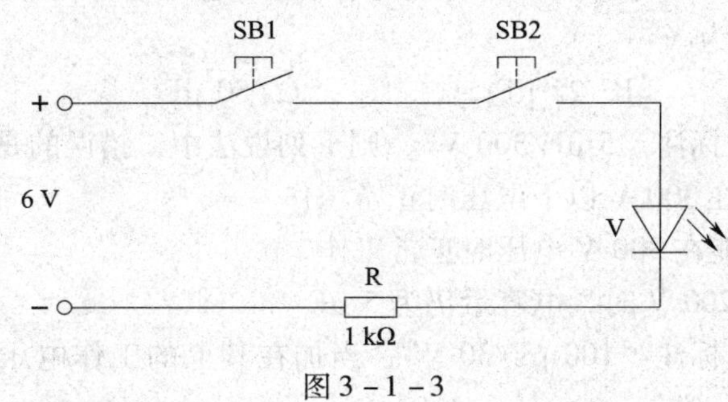

图 3－1－3

任务 2　滤波电路的安装与调试

一、填空题

1. 电容器是一种储存______________的元器件，由两块极板及极板之间的______________构成，引脚分别从两块极板引出。

2. 电容器按制造材料不同可分为__________电容器、__________电容器、钽电容器、聚丙烯电容器。

3. 电容器的额定电压是指在规定温度范围内，可以__________加在电容器上而不损坏电容器的最大直流电压或交流电压的__________。如果电路发生故障，造成加在电容器上的工作电压大于额定电压，电容器将被__________。

4. 电解电容器有正、负极之分，长的引脚为__________极，短的引脚为__________极。

5. 电感器一般用__________绕在磁环或磁棒上加工而成，有时也绕成__________线圈。

6. 电感量的大小与线圈的结构有关，线圈匝数越多，电感量越__________；同样匝数的线圈，增加磁芯后，电感量也会__________。

7. 常用的拆焊方法包括__________、__________和__________。

8. 常用的拆焊工具包括电烙铁、__________、吸锡电烙铁、__________、__________等。

9. 滤波电路可以减小__________中的__________成分，常见的电路形式包括__________电路和__________电路。

二、选择题

1. 某电容量为 50 μF 的电容器，接到直流电源上对它充电，此时其电容量为 50 μF；当它不带电时，其电容量为（　　）。

A. 0　　B. 25 μF　　C. 50 μF　　D. 10 μF

2. 某电容器外壳上标注“5 μF/300 V”，则下列说法中，错误的是（　　）。

A. 该电容器可在 300 V 以下电压时正常工作

B. 该电容器只能在 300 V 电压时正常工作

C. 工作电压为 200 V 时，电容量仍为 5 μF

3. 某电容器外壳上标注“100 μF/30 V”，当加在其上的工作电压为（　　）V 时，电容器将被击穿。

A. 50　　B. 10　　C. 15　　D. 20

4. 具有储能功能的元器件是（　　）。

A. 电阻器　　B. 电容器　　C. 三极管　　D. 二极管

5. 电感器对电流的作用是（　　）。

A. 通交流，隔直流　　B. 通交流，阻直流

C. 通直流，隔交流　　D. 通直流，阻交流

6. 电感量的单位是（　　）。

A. 亨利　　B. 特斯拉　　C. 韦伯　　D. 库仑

三、判断题（正确的打“√”，错误的打“×”）

1. 电容器在电路中通常用于通直阻交、电信号耦合、滤波、消振、旁路、调谐、能量转换等。（　　）

2. 电容器是耗能元器件。（　　）

3. 常用的电容器中，瓷介电容器适用于低频电路，涤纶电容器适用于高频电路。（　　）

4. 某瓷片电容器标有“103”字样，则其标称容量为 103 μF。（　　）

5. 电感器按绕制特点不同分为空心电感器、有芯电感器（铁芯或磁芯）。（　　）

6. 电容滤波电路和电感滤波电路的工作原理相同。（　　）

四、简答题

1. 简述教材中图 3 – 2 – 1 所示电容滤波电路的工作原理。

2. 简述教材中图 3 – 2 – 2 所示电感滤波电路的工作原理。

3. 说明图 3 – 2 – 1 所示拆焊方法的名称，并简述其适用场合和操作步骤。

图 3 – 2 – 1

五、操作题

1. 用指针式万用表检测图 3－2－2 所示电解电容器（电容量为 100 μF）的质量好坏，简述其操作步骤。

图 3－2－2

2. 识读图 3－2－3 所示电感器的电感量，并说明其标注方法。

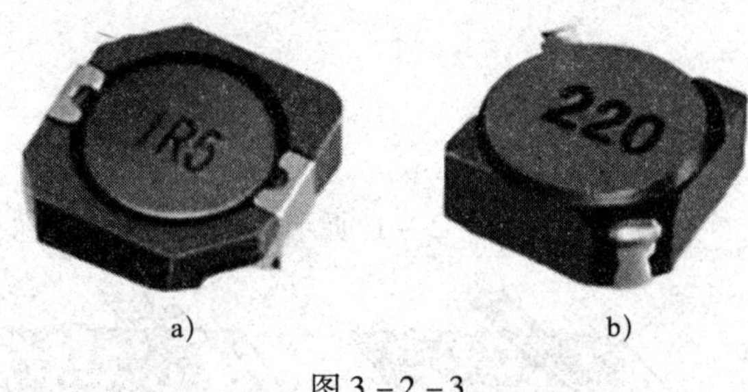

a)　　b)

图 3－2－3

3. 根据图 3－2－4 所示 LC-π 型滤波电路图，制作并调试电路。

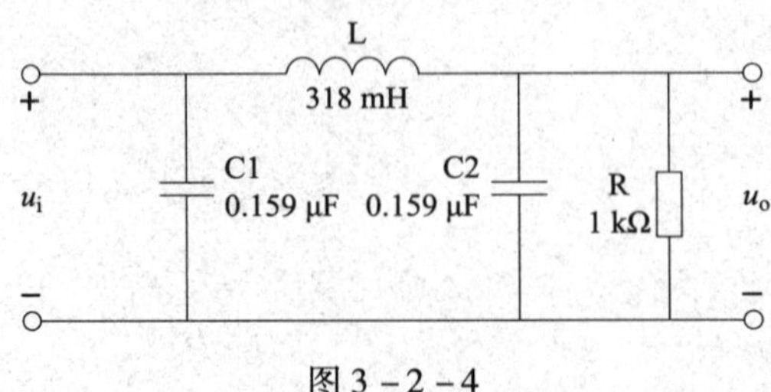

图 3－2－4

（1）说明该滤波电路的用途。

（2）输入脉动的直流电压，用示波器观察并绘制输入、输出电压波形。

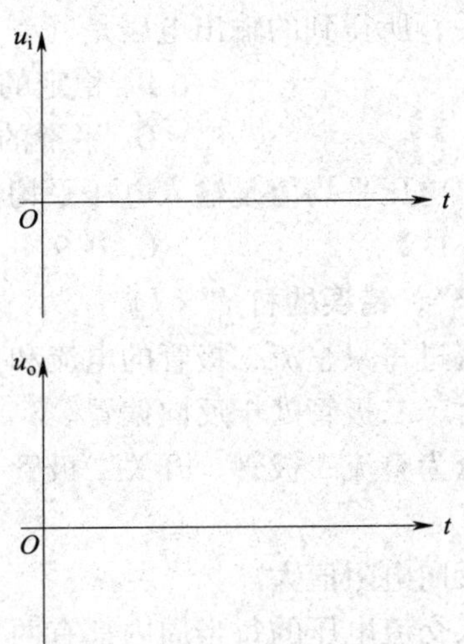

任务3　单相桥式整流电路的安装与调试

一、填空题

1. 二极管是用________________材料制成的元器件，具有________________性。

2. 二极管按材料不同可分为__________二极管、__________二极管和__________二极管等。

3. 整流二极管 1N4007 有白色色环的一端为__________极。

4. 硅二极管的正向压降约为__________V，锗二极管的正向压降约为__________V。

5. 当二极管两端的反向电压增大到某一数值时，反向电流会急剧增大，二极管将失去单向导电性，这种状态称为二极管的______________。

6. 整流是指将______________变换成______________的过程，整流电路中起整流作用的是____________________。

二、选择题

1. 二极管内部由（　　）构成。

A. 1 个 PN 结　　B. 2 个 PN 结

C. 2 块 N 型半导体　　D. 2 块 P 型半导体

2. 下列二极管的类型中，不属于按照用途分类的是（　　）。

A. 整流二极管　　B. 开关二极管　　C. 稳压二极管　　D. 高频二极管

3. 用万用表 R×1 k 挡测量某二极管时，发现其正、反向电阻值均接近 1 000 kΩ，则说明该二极管（　　）。

A. 短路　　B. 完好　　C. 开路　　D. 无法判断

4. 交流电压通过整流电路后，所得到的输出电压是（　　）。

A. 交流电压　　B. 稳定的直流电压

C. 脉动的直流电压　　D. 平滑的直流电压

5. 单相桥式整流电路的输出电压平均值是输入电压平均值的（　　）倍。

A. 0.5　　B. 1.2　　C. 0.9　　D. 1

三、判断题（正确的打“√”，错误的打“×”）

1. 桥式整流电路工作时，流过每只整流二极管的电流和负载电流相等。（　　）

2. 二极管两端加反向电压时，二极管处于反向偏置。（　　）

3. 二极管按用途的不同可分为整流二极管、开关二极管、稳压二极管和发光二极管等。（　　）

4. 二极管的正向电阻值比反向电阻值大。（　　）

5. 单相桥式整流电路在输入交流电压的每半周内都有两只二极管导通。（　　）

四、简答题

简述教材中图 3－3－1 所示单相桥式整流电路的工作原理。

五、操作题

1. 用指针式万用表判别型号为 1N4007 的整流二极管的极性，简述其操作步骤。

2. 根据图 3 – 3 – 1 所示的直流稳压电路图，制作并调试电路。

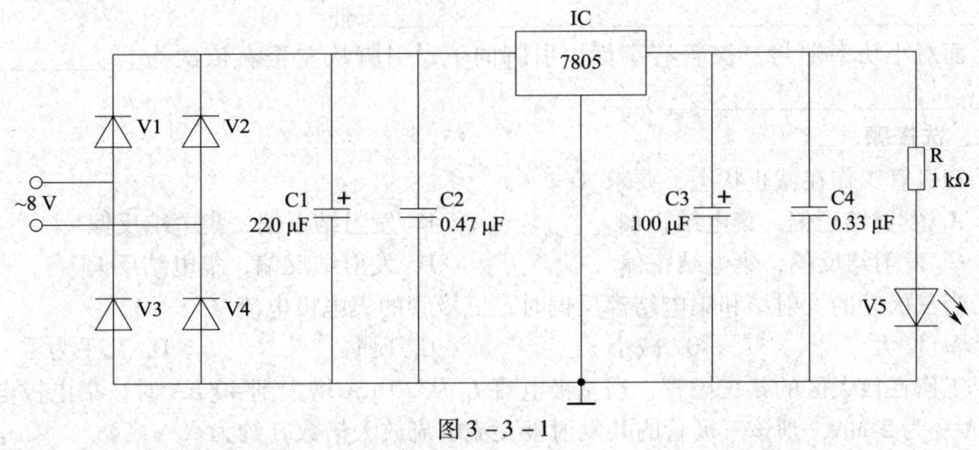

图 3 – 3 – 1

（1）将电路图中各元器件的名称填入表 3 – 3 – 1 中。

表 3 – 3 – 1

元器件符号	元器件名称
V1 ~ V4	
C1、C3	
C2、C4	
IC	
R	
V5	

（2）调试电路并观察 V5 的变化

输入 8V 交流电压时，________________________________。

去掉电源时，____。

任务 4　简单放大电路的安装与调试

一、填空题

1. 三极管的作用是把______________的电信号放大成______________较大的电信号。

2. 三极管按结构工艺不同分为______________型和______________型。

3. 三极管包括______________种工作状态，分别为______________、______________和______________。

4. 三极管工作在饱和状态时，发射结__________偏，集电结__________偏。

5. 三极管处于放大工作状态时，在电路中起____________作用；三极管处于截止或饱和工作状态时，在电路中起____________作用。

6. 为了使放大电路输出波形不失真，除需设置______________________________外，还需输入信号______________________________。

7. 根据三极管放大电路的输入回路与输出回路公共端的不同，可将三极管放大电路分为______________、______________、______________三种。

8. 面对小功率塑封三极管有字面，引脚向下，引脚从左至右依次为______________、______________、______________。

二、选择题

1. 三极管工作在截止状态，要求（　　）。

A. 发射结正偏，集电结正偏　　B. 发射结正偏，集电结反偏

C. 发射结反偏，集电结正偏　　D. 发射结反偏，集电结反偏

2. 当三极管的发射结和集电结都反偏时，三极管的集电极电流（　　）。

A. 增大　　B. 减小　　C. 反向　　D. 几乎为零

3. 工作在放大区的某三极管，当基极电流 I_B 从 20 μA 增大到 40 μA 时，集电极电流 I_C 从 1 mA 变为 2 mA，则该三极管的共发射极交流电流放大倍数 β 约为（　　）。

A. 10　　B. 50　　C. 80　　D. 100

4. NPN 型和 PNP 型三极管的区别是（　　）。

A. 由两种不同的材料制成　　B. 掺入的杂质元素不同

C. P 区和 N 区的位置不同　　D. 引脚排列方式不同

5. 根据三极管各极对公共端的电位，下列处于放大工作状态的硅三极管是（　　）。

A. 基极 −0.7 V，集电极 5 V，发射极 0 V

B. 基极 0 V，集电极 5 V，发射极 0.3 V

C. 基极 −2.3 V，集电极 2 V，发射极 −3 V

D. 基极 3.7 V，集电极 3.3 V，发射极 3 V

三、判断题（正确的打“√”，错误的打“×”）

1. 三极管按制造材料的不同分为硅三极管和锗三极管。（　　）

2. 三极管是电压放大元器件。（　　）

3. 发射结正偏的三极管一定工作在放大状态。（　　）

4. 三极管并不是两个 PN 结的简单组合，不能用两个二极管代替，但发射极和集电极可以对调使用。（　　）

5. 放大电路必须加上合适的直流电源才能正常工作。（　　）

6. 电路只有既放大电流又放大电压时，才称其具有放大作用。（　　）

四、简答题

1. 简述 PNP 型三极管极性的判别方法。

2. 简述教材中图 3－4－1 所示简单放大电路的工作原理。

3. 简述三引脚元器件直排式和跨排式插装时的引脚成形方法。

五、操作题

根据图 3－4－1 所示的分压式射极偏置放大电路图，制作并调试电路。

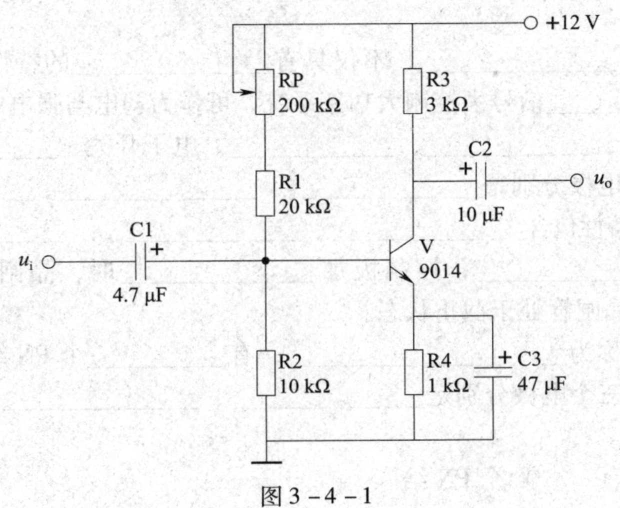

图 3－4－1

1. 安装电路

（1）检查元器件并进行预处理。

（2）按照电路图进行元器件的安装、焊接。

（3）检查元器件安装是否正确、电路连接是否正确、焊点是否符合工艺要求。

2. 调试电路

（1）静态工作点调试。接通电源，将万用表置于直流电压挡，两表笔并接在三极管的集电极与发射极之间，调节电位器 RP，使 $U_{CE}=8.4$ V。

（2）波形调试。将低频信号发生器“频率”置于 1 k 挡，输出信号电压为 50 mV，并将电压输出端与分压式射极偏置放大电路的输入端相连。

3. 用示波器观察并绘制电路的输入、输出电压波形。

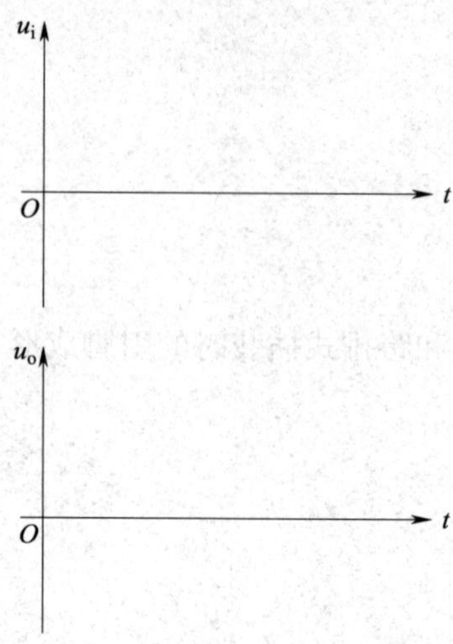

任务5　晶闸管调光灯电路的安装与调试

一、填空题

1. 晶闸管又称为____________，不仅具有____________的特性，而且其工作过程可控，能以____________信号去控制大功率系统，可作为弱电与强电的接口。

2. 晶闸管主要用于____________、____________、电子开关、____________等。

3. 晶闸管的三个电极分别是____________、____________、____________。

4. 晶闸管的工作特性包含____________、____________、____________三个方面。

5. 晶闸管加____________，控制极加____________时，晶闸管导通；晶闸管加____________时，晶闸管处于截止状态。

6. 单结晶体管又称为____________，有__________个PN结。

7. 单结晶体管的三个电极分别是____________、____________、____________。

二、选择题

1. 晶闸管内部有（　　）个PN结。

A. 一　　B. 二　　C. 三　　D. 四

2. 晶闸管可控整流电路中的控制角 α 减小，则输出的电压平均值（　　）。

A. 不变　　B. 增大　　C. 减小

3. 使用万用表进行晶闸管的简易检测利用的工作特性是（　　）。

A. 正向阻断　　B. 触发导通　　C. 反向截止

4. 单结晶体管内部有（　　）个PN结。

A. 一　　B. 二　　C. 三　　D. 四

5. 单结晶体管是一种特殊类型的（　　）。

A. 场效应管　　B. 晶闸管　　C. 三极管　　D. 二极管

三、判断题（正确的打“√”，错误的打“×”）

1. 晶闸管外部有三个电极，分别是基极、发射极和集电极。 （　　）

2. 晶闸管阳极加正向电压后，不给控制极加触发电压，晶闸管也会导通。 （　　）

3. 晶闸管触发导通后，控制极仍具有控制作用。 （　　）

4. 在电路中接入单结晶体管时，若把基极 B1、B2 接反了，就会烧坏单结晶体管。 （　　）

5. 教材中图 3－5－2 所示的电路中，单结晶体管组成的电路提供晶闸管导通需要的触发信号。 （　　）

四、简答题

1. 晶闸管的导通条件是什么？晶闸管的关断条件是什么？

2. 查阅相关资料，说明单结晶体管型号 BT33 的含义。

3. 简述绘制电路安装图的注意事项。

五、操作题

1. 判别图 3－5－1 所示晶闸管的极性并检测其好坏，说明其操作步骤。

图 3－5－1

2. 根据图 3－5－2 所示的晶闸管控制直流电动机电路图，制作并调试电路，说明电路的工作原理。

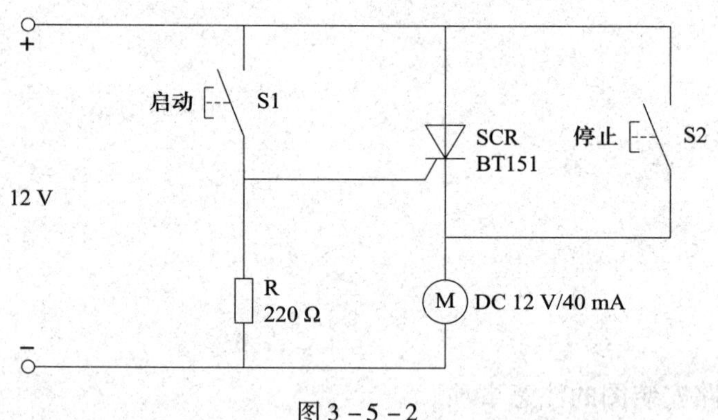

图 3－5－2

任务6　叮咚门铃电路的安装与调试

一、填空题

1. 555 集成定时器是一种多用途的__________-__________混合集成电路。

2. 555 集成定时器可构成____________________触发器、____________________________和______________________________触发器等。

3. 常用的555 集成定时器分为___________定时器和___________定时器两类。

4. 扬声器又称为____________，其主要功能是将模拟的__________________转化为声波，是音响、收录机等设备中的重要元器件。

5. 扬声器的主要技术参数包括________________、________________和________________等。

二、选择题

1. 当555 集成定时器的输入 u_{TH}和 $u_{\overline{TR}}$分别（　　）时，其输出状态不变。

A. $<\frac{2}{3}V_{DD}$和$<\frac{1}{3}V_{DD}$　　B. $>\frac{2}{3}V_{DD}$和$>\frac{1}{3}V_{DD}$

C. $>\frac{2}{3}V_{DD}$和$<\frac{1}{3}V_{DD}$　　D. $<\frac{2}{3}V_{DD}$和$>\frac{1}{3}V_{DD}$

2. 当555 集成定时器的输入 $u_{TH}<\frac{2}{3}V_{DD}$、$u_{\overline{TR}}<\frac{1}{3}V_{DD}$时，其输出状态和放电管状态分别为（　　）。

A. 高电平、饱和导通　　B. 低电平、截止

C. 高电平、截止　　D. 无法确定

3. 555 集成定时器构成的多谐振荡器电路的振荡周期由（　　）决定。

A. 输入信号　　B. 输出信号

C. 电路充电、放电电阻器和电容器　　D. 555 集成定时器结构

4. 低音扬声器的频率范围为（　　）。

A. 2 kHz ~ 20 kHz　　B. 500 Hz ~ 5 kHz

C. 20 Hz ~ 3 kHz

5. 检测扬声器时，错误的方法是（　　）。

A. 测量阻抗进行对比　　B. 测量电压进行对比

C. 听声音

三、判断题（正确的打“√”，错误的打“×”）

1. 555 集成定时器又称为时基电路，是将模拟电路和数字电路结合制作在同一硅片上的混合集成电路。（　　）

2. 555 集成定时器的引脚 5 即电压控制端不用时，应通过电容器接地。（　　）

3. 555 集成定时器工作时，其复位端应接低电平。（　　）

4. 检测 555 集成定时器的质量好坏时，采用测量各引脚正、负电阻值与标准值对比判断的方法。（　　）

5. 叮咚门铃电路中，按下按钮发出“叮”的声音，松开按钮发出“咚”的声音。(　　)

四、简答题

1. 简述教材中图 3－6－1 所示的 555 集成定时器各引脚的名称及功能。

2. 将表 3－6－1 中 555 集成定时器的功能补充完整。

表 3－6－1

输入			输出	
u_{TH}	$u_{\overline{TR}}$	$\overline{R}$	u_o	放电管状态
×	×	0		
$<\frac{2}{3}V_{DD}$	$<\frac{1}{3}V_{DD}$	1		
$>\frac{2}{3}V_{DD}$	$>\frac{1}{3}V_{DD}$	1		
$>\frac{2}{3}V_{DD}$	$<\frac{1}{3}V_{DD}$	1		
$<\frac{2}{3}V_{DD}$	$>\frac{1}{3}V_{DD}$	1		

3. 简述教材中图 3－6－3 所示叮咚门铃电路的工作原理。

五、操作题

根据图 3－6－1 所示的定时器电路图，制作并调试电路。

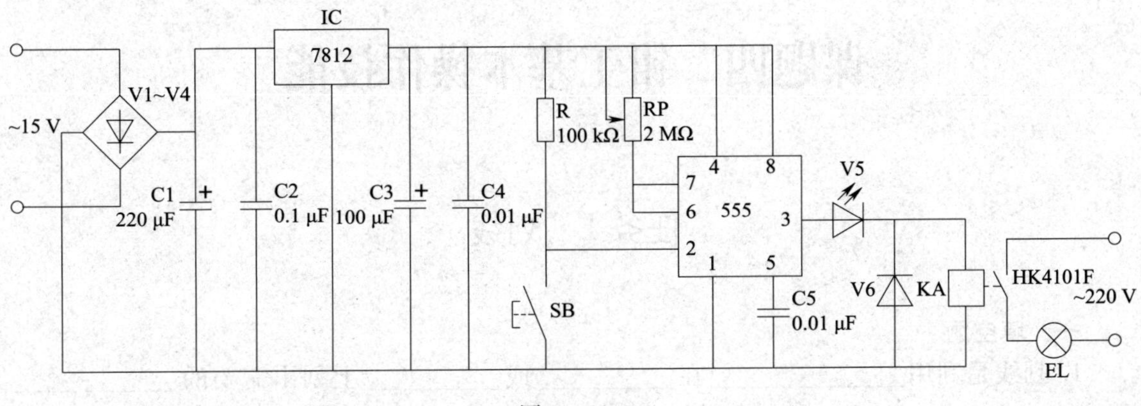

图 3－6－1

调试过程如下：

（1）接通电源，测得三端集成稳压器电路输出电压为__________ V。

（2）调节电位器 RP 至不同位置，按下按钮 SB，继电器 KA 吸合，发光二极管 V5 ________，并且由于 RP 的取值不同，得到不同的________________。

（3）当定时时间到点时，发光二极管 V5 __________，同时继电器 KA __________。

课题四　钳工基本操作技能

任务1　划线

一、填空题

1. 划线是利用____________在_________或_________上划出需要的___________和__________。

2. 划线工具按用途不同可分为______________、___________、___________和______________。

3. V 形铁相邻各面_____________，用来支撑_______工件，以便于____________和_______________。

4. 游标万能角度尺是利用______________________测量面相对于____________测量面的旋转，对两测量面间分隔的角度利用__________________进行测量的工具，测量范围一般为______________________。

5. 游标高度卡尺由_____________和_______组成，调节螺钉可以_______________，尺尖可以完成_____________，也可以_____________。

6. 划线盘的作用是__________________________和___________________________。

二、选择题

1. 下列划线工具中，不属于基准工具的是（　　）。

A. 划线平台　　B. V 形铁　　C. 划线盘　　D. 三角铁

2. 划规不能完成的功能是（　　）。

A. 找水平　　B. 定角度　　C. 划圆　　D. 划线段

3. 样冲不能完成的功能是（　　）。

A. 完成划线标记　　B. 标记尺寸界限

C. 校正工件　　D. 确定中心

4. 钳工划线的一般步骤不包括（　　）。

A. 看图　　B. 划线　　C. 检查划线部位　　D. 修整毛刺

三、判断题（正确的打“√”，错误的打“×”）

1. 钢直尺既可以作为划直线的导向工具，又可以检验直角。（　　）

2. 台虎钳安装在工作台上，固定式台虎钳的钳口尺寸固定，无法改变大小。（　　）

3. 按照图样进行划线时，需要根据图样的要求使用合适的工具。（　　）

4. 利用游标高度卡尺划线时，只需要稳固游标高度卡尺底座，不需要稳固工件。（　　）

5. 划线过程中如需旋转工件，只需要目测位置，无需使用工量具进行测量。（　　）

四、简答题

1. 简述钳工划线的一般步骤。

2. 简述划线的操作注意事项。

五、操作题

1. 完成教材中图 4 – 1 – 2 所示图样的划线操作后，回答以下问题：

（1）记录操作中的测量数据

最高点尺寸 = ____________ mm，工件中心高度 H = ____________ mm，高度 L_1 = ____________ mm。

（2）划完第一条线后，如何利用直角尺确保工件旋转 90°？

2. 按照图 4 – 1 – 1 的图样要求和训练步骤，在薄钢板上进行平面划线，包括作 45°、60°、75°、90°角度线和 $\phi 50$ mm 圆内切正六边形。

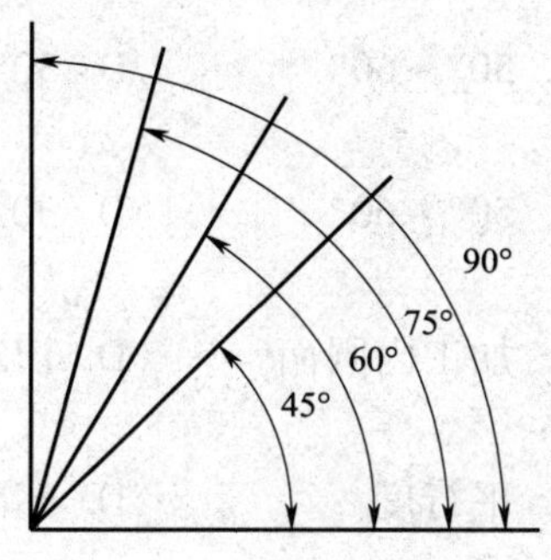

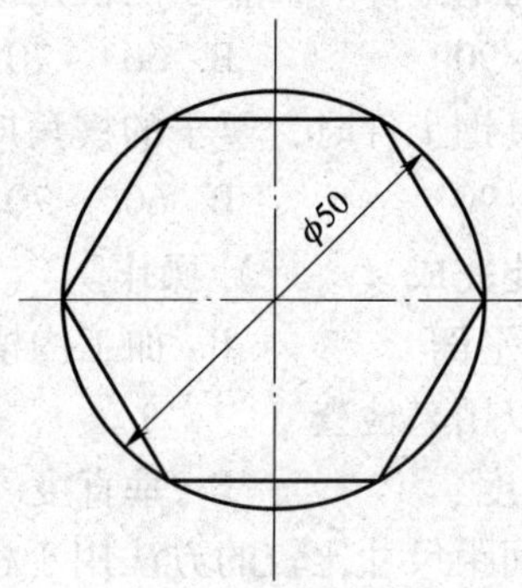

图 4 – 1 – 1

训练步骤：

（1）备料：160 mm×150 mm×2 mm 薄钢板。

（2）选择合适的划线工具，并对工件划线平面进行清理和表面涂色。

（3）熟悉图形划法，选取划线基线和最大轮廓范围，在工件上安排合理的位置。

（4）按照图样要求和尺寸完成划线。

（5）对图形尺寸进行复检校核，确认无误后在划线上冲点标记（均匀分布）。

任务2　錾削

一、填空题

1. 錾削是________________________的操作方法。

2. 錾子是錾削工件用的________具，常用的錾子包括________、________、________三种。

3. 錾子由________和________组成，其切削部分呈________，前刀面与后刀面的夹角称为________，是决定錾子________和________的重要参数。

4. 錾子刃磨时，必须使切削刃________砂轮水平中心线，在砂轮全宽上做左右移动，用力均匀，________交替进行，直至磨出所需的________值。

5. 手锤是钳工常用的________工具，其规格以________来表示。

6. 錾削平面一般用________进行，分为________、________和________三个阶段。

7. 錾断板料时，应在板料下垫________材料，避免损伤錾子的________。操作时先按划线部位________，再用________使板料折断。

8. 加工平面检查的项目主要包括________________、________________、________________、________________等。

二、选择题

1. 钳工常用的錾子不包括（　　）。

A. 扁錾　　B. 尖錾　　C. 石錾　　D. 油槽錾

2. 錾削结构钢工件时，錾子的楔角应为（　　）。

A. 70°~90°　　B. 60°~70°　　C. 50°~60°　　D. 30°~50°

3. 錾削工具钢工件时，錾子的楔角应为（　　）。

A. 70°~90°　　B. 60°~70°　　C. 50°~60°　　D. 30°~50°

4. 錾削不能完成（　　）操作。

A. 加工平面　　B. 加工沟槽　　C. 加工内圆面　　D. 切断板料

5. 塞尺可以用来检查（　　）。

A. 平面度　　B. 垂直度　　C. 平行度　　D. 间隙

6. 多位置间距尺寸比较的方法用于检查（　　）。

A. 平面度　　B. 垂直度　　C. 平行度　　D. 间隙

三、判断题（正确的打“√”，错误的打“×”）

1. 扁錾用途最广泛，可以适用于所有场合。（　　）

2. 錾子在刃磨时，只需将一个刀面磨到所需的楔角值。（　　）

3. 手锤的锤头一般都是铁材料，不需要任何处理。（　　）

4. 錾槽主要是錾油槽和錾键槽。（　　）

5. 工件两个相邻平面的垂直度可以使用刀口形直角尺采用透光法多位置进行检查。（　　）

6. 使用反握法握錾子时，需要用手掌根部顶住錾柄尾部。（　　）

7. 采用臂挥法挥锤的锤击力最大。（　　）

四、简答题

1. 简述錾子楔角的定义及在錾削时的作用。

2. 简述挥锤的方法及操作要领。

3. 简述錾削的操作注意事项。

五、操作题

1. 说明教材中图 4－2－9 所示图样进行平面度检查所使用的工具及方法。

2. 按照图 4－2－1 所示的图样要求和训练步骤，完成工件的錾削加工。

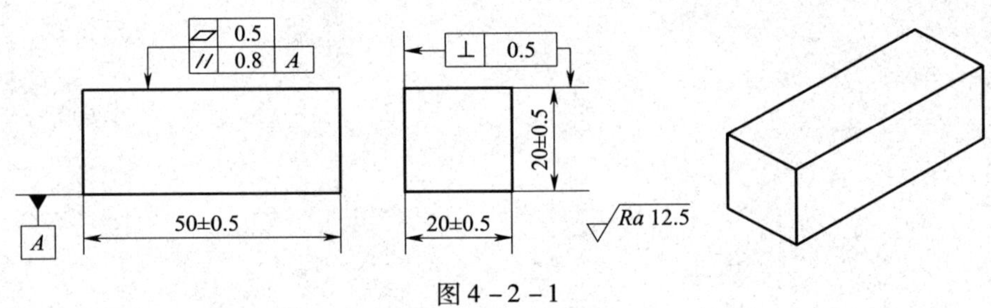

图 4－2－1

训练步骤：

（1）备料：24 mm × 24 mm ×（50 ± 0.5）mm 方钢，Q235A。

（2）划錾削加工线，复检后冲点标记。

（3）錾削加工达到要求尺寸（20 ± 0.5）mm（两组），平面度公差为 0.5 mm（四面），平行度公差为 0.8 mm（两组），垂直度公差为 0.5 mm（四处），錾痕一致。各锐边倒钝，去毛刺。

任务 3　锯削

一、填空题

1. 锯削是________________________的加工方法。

2. 手锯由锯弓和锯条组成，锯弓用来________________，锯条用于完成________________。

3. 根据锯条锯齿的____________，可将锯条分为________、________和________三类。

4. 握锯时，用________手满握手锯手柄，控制锯削操作的________和________；________手轻扶在锯弓前端，配合右手____________。

5. 手锯的推挽速度一般控制在________次/min 左右，锯削硬材料时速度________一些，锯削软材料时速度可以________一些。

二、选择题

1. 锯削薄壁管子时，应选用（　　）锯条。

A. 粗齿　　B. 中齿　　C. 细齿

2. 锯削缝隙和厚度较大的材料时，应选用（　　）锯条。

A. 粗齿　　B. 中齿　　C. 细齿

3. 安装锯条时，锯条的齿尖应（　　）。

A. 向上　　B. 向前　　C. 向后

4. 起锯时加压要小，往复的行程要短，速度要慢，起锯角一般为（　　）。

A. 10°　　B. 15°　　C. 20°　　D. 30°

5. 锯削过程中，身体的倾斜角度根据锯削的行程变化，最大的倾角一般为（　　）。

A. 10°　　B. 15°　　C. 18°　　D. 20°

三、判断题（正确的打“√”，错误的打“×”）

1. 锯条安装在锯弓上后，需通过张紧螺母收紧，收紧时越紧越好。（　　）

2. 工件一般夹持在台虎钳的左侧，工件伸出钳口可以长一点（20 ~ 30 mm），以便于操作。（　　）

3. 起锯时，可用左手拇指挡住锯条，确保起锯位置正确。（　　）

4. 锯削管料时，应沿着一个方向一直锯削，直至锯断管料。（　　）

5. 工件夹持歪斜会造成锯缝歪斜。（　　）

6. 锯条过紧或过松都可能造成锯条折断。（　　）

四、简答题

1. 简述正确的锯削姿势。

2. 简述管料的锯削方法。

3. 简述锯削操作中锯缝歪斜和锯条折断的常见原因。

五、操作题

1. 练习深缝锯削，归纳其操作过程。

2. 按照图 4－3－1 所示的图样要求和训练步骤，完成工件的锯削加工。

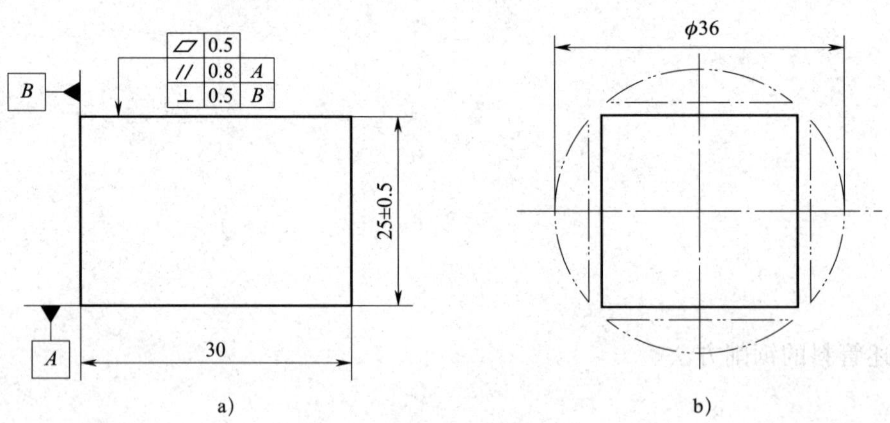

图 4－3－1
a）锯削加工图　b）锯削示意图

训练步骤：

（1）备料：ϕ36 mm 圆钢，Q235A，车削加工。

（2）划锯削加工线，复检后冲点标记。

（3）锯削四方体（要求纵向锯），达到要求尺寸（25 ±0. 5）mm（两组），平行度公差为 0. 8 mm、平面度公差为 0. 5 mm、垂直度公差为 0. 5 mm，锯痕整齐。

任务4　锉削

一、填空题

1. 锉削是____的方法。

2. 锉刀的锉纹包括_______________锉纹和_______________锉纹两种，除锉削软金属用_______________锉纹锉刀外，其他锉削加工都用_______________锉纹锉刀。双锉纹锉刀的锉纹交错形成_______________，其粗细分为__________、__________、__________等。

3. 锉削加工姿势要注意三个方面：______________________、______________________、______________________。

4. 锉削操作推进锉刀时，两手加在锉刀上的____________应保证锉刀____________而不上下摆动，这样才能锉出____________的平面。

5. 推进锉刀时的推力大小主要由__________手控制，而压力的大小则由__________手协同__________手控制。

二、选择题

1. 下列不是选择锉刀锉齿粗细条件的是（　　）。

A. 锉削余量　　B. 尺寸精度要求

C. 表面粗糙度要求　　D. 工件大小

2. 完成尺寸精度要求为（　　）mm 的锉削可使用粗齿锉刀。

A. 0.20 ~ 0.50　　B. 0.05 ~ 0.20　　C. 0.01

3. 开始锉削时，锉刀的受力情况是（　　）。

A. 推力大，压力小　　B. 推力小，压力大

C. 推力和压力大小接近　　D. 无推力和压力

4. 锉削到接近行程尾部时，锉刀的受力情况是（　　）。

A. 推力大，压力小　　B. 推力小，压力大

C. 推力和压力大小接近　　D. 无推力和压力

5. 锉削加工余量较小的狭长平面时，采用（　　）。

A. 顺向锉　　B. 交叉锉　　C. 推锉　　D. 粗锉

6. 采用透光法检查锉削平面时，需要检查（　　）。

A. 纵向　　B. 横向

C. 对角线方向　　D. 以上三个方向

三、判断题（正确的打“√”，错误的打“×”）

1. 整形锉用于修整各种特殊的表面。（　　）

2. 圆锉和半圆锉都可以用来加工凹圆弧面。（　　）

3. 安装锉刀手柄时，用锤子敲击手柄的力量越大越好，否则安装不够牢固。（　　）

4. 在锉削回程时，仍需要在锉刀上加较大的下压力。（　　）

5. 教材中图 4－4－8 所示图样的锉削加工都是先粗锉，留 0.3 mm 左右的精锉余量再精锉。（　　）

四、简答题

1. 简述锉削操作时的正确站姿。

2. 简述锉刀手柄安装的注意事项。

3. 简述长度大于 250 mm 锉刀的正确握法。

五、操作题

1. 练习使用圆锉进行内圆弧面的锉削加工，说明加工过程中圆锉的运动。

2. 按照图 4－4－1 所示的图样要求和训练步骤，完成工件的锉削加工。

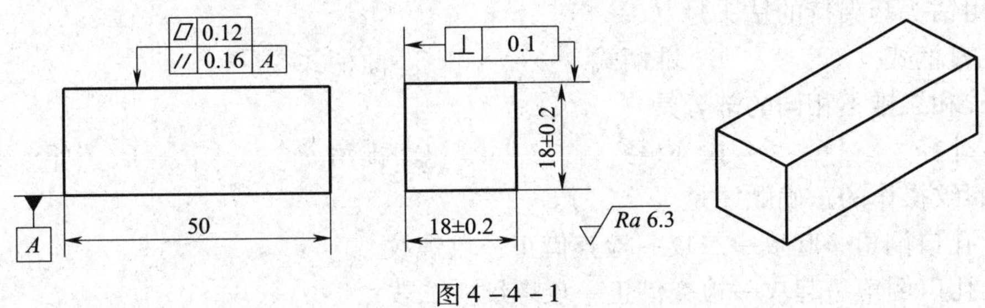

图 4－4－1

训练步骤：

（1）备料：任务 2 錾削加工完成的工件。

（2）选择平面度较好的一个面作为基准面，粗、精锉达到平面度公差 0.12 mm。

（3）基准面相对面的加工：在划线平台上用游标高度卡尺划出 18 mm 的加工线，粗、精锉达到要求尺寸（18 ±0.2）mm，平行度公差为 0.16 mm。

（4）基准面任一相邻面的加工：使用直角尺和划针划出平面加工线，粗、精锉达到平面度公差 0.12 mm、垂直度公差 0.1 mm，检查精度并修整偏差。

（5）基准面另一相邻面的加工：利用加工完成的相邻面为基准划出 18 mm 的加工线，粗、精锉达到图样要求尺寸。

（6）加工过程中及时检查各面的加工精度，发现偏差及时修整。

任务 5　孔加工及螺纹加工

一、填空题

1. 孔加工是______________________________的过程。

2. 攻螺纹是______________________________的过程。

3. 套螺纹是______________________________的过程。

4. 孔加工主要是由____________来完成的，常用的钻床包括____________、____________、____________三种。

5. 钻孔过程中会出现钻孔不正的现象，这时需要采用________操作进行纠偏，就是________________________，推移时注意观察钻头的位置，当达到孔位要求后停止________。

6. 攻螺纹工具包括__________和__________。

7. 攻螺纹前，应先确定底孔直径并选择合适的丝锥螺纹尺寸，对于钢和塑性较大材料的选用公式为__________，对于铸铁等脆性材料的选用公式为__________。

8. 扩孔是指____________________________的加工方法。

9. 铰孔是指使用____________________________，以提高孔的________和________的加工方法。

10. 套螺纹工具包括________和________。

11. 套螺纹时，根据螺纹和螺距的尺寸确定圆柱形工件外径的经验公式为________。

二、选择题

1. 采用钻头套夹持的钻头是（　　）。

A. 直柄式　　B. 锥柄式　　C. 曲柄式

2. 头锥和二锥不相同的部分是（　　）。

A. 外径　　B. 内径　　C. 锥角　　D. 中径

3. 攻螺纹操作的正确顺序是（　　）。

A. 孔口倒角→起攻→二攻→检查借正→攻螺纹

B. 孔口倒角→起攻→检查借正→攻螺纹→二攻

C. 孔口倒角→起攻→攻螺纹→检查借正→二攻

4. 使用 M10 的丝锥，应选择的铰杠规格是（　　）mm。

A. 150 ~ 200　　B. 200 ~ 250

C. 250 ~ 300　　D. 400 ~ 450

5. 铰刀的工作部分不包含（　　）。

A. 前导锥　　B. 圆柱部　　C. 颈部　　D. 倒锥部

三、判断题（正确的打"√"，错误的打"×"）

1. 无论哪种形式的钻头，都是直接夹持在钻床的主轴上的。（　　）
2. 丝锥的头锥和二锥成套使用，二锥的外径略大于头锥。（　　）
3. 攻螺纹扳动铰杠时，一定要转动平稳，切忌左右晃动。（　　）
4. 扩孔操作只能使用扩孔钻完成，不能使用其他钻头。（　　）
5. 铰刀具有多个切削刃和较小的顶角，铰孔时切削余量小、切削阻力小、导向性好。（　　）
6. 板牙是加工外螺纹的工具，最常用的是圆板牙。（　　）
7. 夹持圆柱形工件时一定要夹持紧固，为避免转动，台虎钳的钳口越紧越好。（　　）
8. 内、外螺纹配合测试时，如果旋入比较轻松，说明内、外螺纹的加工配合较好。（　　）

四、简答题

1. 简述台钻的使用注意事项。

2. 简述攻螺纹的操作注意事项。

3. 简述套螺纹的操作注意事项。

五、操作题

按照图 4－5－1 所示的图样要求和训练步骤，完成工件的加工。

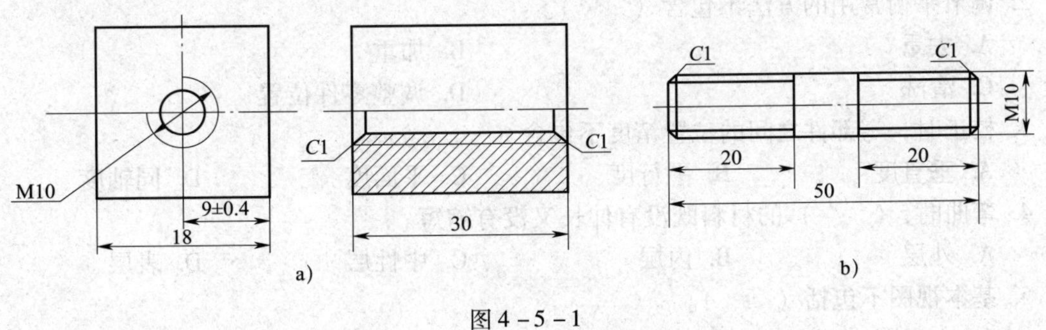

图 4－5－1

a）图样 1　b）图样 2

训练步骤：

（1）备料：18 mm × 18 mm × 30 mm，ϕ10 mm × 50 mm，Q235。

（2）按照图样划线、钻孔，达到尺寸要求。

（3）按照图样 1 攻螺纹，达到尺寸要求。

（4）按照图样 2 套螺纹，达到尺寸要求。

任务6　錾口锤的制作

一、填空题

1. 机械装配是____的过程。

2. 工程机械产品装配应按照______________、______________和有关技术文件进行装配，并符合__________规定。

3. 螺钉、螺栓和螺母紧固时严禁__________或使用不合适的______________。紧固后__________、__________和______________不应有损伤。

4. 常用的装配工艺包括____________、____________、____________、螺纹连接、____________、校正等。

5. 机械装配一般包含____________、____________、____________、____________四个步骤。

6. 装配调试时，检查无误后开始试运动，试运动时注意观察________________、________________、传动轴运动情况等主要______________。

7. 矫正是____的工艺过程。

8. 弯曲是____的工艺过程。

9. 完整的装配图纸应包含__________、________________、________________、技术要求等。

二、选择题

1. 紧固件的装配不包含（　　）的装配。

A. 螺钉　　B. 螺母　　C. 螺栓　　D. 齿轮

2. 调节平衡常用的方法不包含（　　）。

A. 去重　　B. 加重

C. 清洗　　D. 调整零件位置

3. 校正时，零部件之间的位置精度不包含（　　）。

A. 垂直度　　B. 平行度　　C. 平面度　　D. 同轴度

4. 弯曲时，（　　）的材料既没有伸长又没有缩短。

A. 外层　　B. 内层　　C. 中性层　　D. 表层

5. 基本视图不包括（　　）。

A. 主视图　　B. 俯视图　　C. 左视图　　D. 右视图

三、判断题（正确的打“√”，错误的打“×”）

1. 零部件在装配前必须将铁屑、毛刺、油污、泥沙等杂物清除干净。（　　）

2. 清洁工件表面不是机械装配的装配工艺内容。（　　）

3. 矫正是保证装配质量的重要环节。（　　）

4. 任何材料都可以通过弯曲成形。（　　）

四、简答题

1. 简述机械装配中检查步骤的内容。

2. 简述装配图纸的识读过程。

五、操作题

1. 根据教材内容完成錾口锤的制作，并填写表 4－6－1。

表 4－6－1

项目	操作记录	关键操作
检查材料		尺寸复检：
划线	划端点： 划 $R12$ mm 圆弧： 划 $R2.5$ mm 倒圆线： 划圆弧间切线：	游标高度卡尺的使用： 划规、划针的使用： 靠铁的使用：

续表

项目	操作记录	关键操作
锯削	装夹工件： 分段锯削：	装夹位置： 锯削位置及轨迹：
锉削	锉削 R12 mm 圆弧： 锉削錾口斜面： 锉削 SR50 mm 锤头： 锉削 R2.5 mm 錾口：	锉削精度控制： 半径规的使用： 表面光洁度和连接圆滑程度控制：
装配		

2. 按照图 4－6－1 所示的图样、技术要求和训练步骤，完成工件的加工。

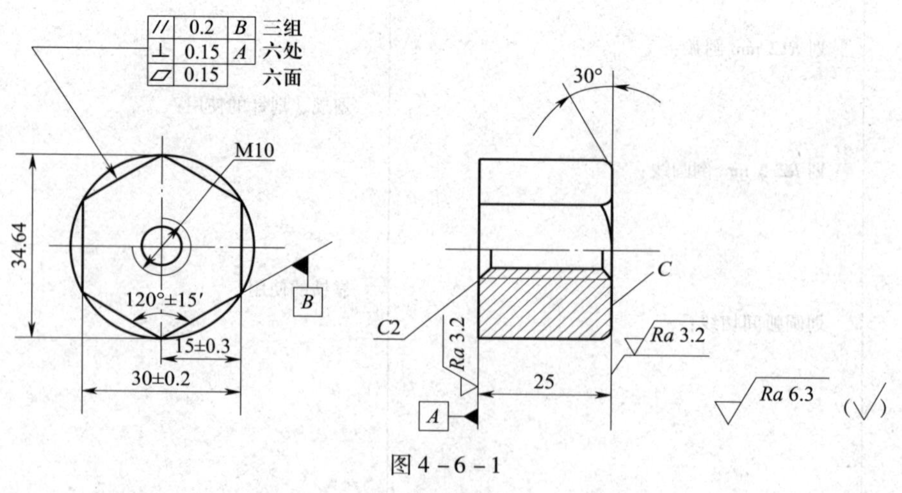

图 4－6－1

技术要求：

（1）A、C 两面车平，可做微量修整，不再加工。

（2）正六棱柱的六个面需先錾削加工，不得使用锯削加工。

（3）锐边倒钝 $R0.3$ mm。

（4）6 个 30°倒角大小一致，圆滑。

训练步骤：

（1）备料：ϕ36 mm×25 mm，Q235A。检查毛坯件，修整、去毛刺后涂色。

（2）按图样要求在毛坯件上划正六棱柱加工线，复查后冲点标记。

（3）按外正六棱柱加工方法，以外圆母线为测量基准，通过计算，测量单边錾削余量。将圆柱体粗、精錾削成正六棱柱，使毛坯件对边尺寸达到 $30^{+0.75}_{+0.50}$ mm、120°角，与 A 面垂直度、平面度、表面粗糙度达到图样要求。

（4）锉削修整基准面 A，平面度、表面粗糙度达到图样要求，并划 ϕ30 mm 内切圆线。

（5）粗、精锉基准面 B，平面度、与 A 面垂直度、表面粗糙度达到图样要求。

（6）以 B 面为基准，粗、精锉其相对面，尺寸公差、平面度、平行度、与 A 面垂直度、表面粗糙度达到图样要求。

（7）分别粗、精锉与 B 面相邻的两组对边，达到 120°角、边长相等，平面度、尺寸公差、表面粗糙度达到图样要求。

（8）按图样要求进行精度复检后，划出内切圆直径和 25 mm 高度尺寸线，并用锉削外圆弧面的方法，锉削六处 30°倒角，达到角度正确、倒角大小一致、圆弧面光洁圆滑的要求。

（9）按图样要求划螺纹孔的加工线并检查，然后将中心点冲眼加大，再钻 ϕ8.5 mm 底孔并对两端口进行倒角。

（10）攻螺纹 M10，垂直度、表面粗糙度达到图样要求。

（11）锐边倒钝，并做全部精度复检。